AF590275

# NOUVEAUX TRILOBITES

SUPPLÉMENT À LA

## NOTICE PRÉLIMINAIRE

SUR LE

## SYSTÊME SILURIEN ET LES TRILOBITES

DE

PAR

**Joachim Barrande.**

**PRAGUE,**

LIBRAIRIE CALVE.

1846.

# TABLE.

N<sup></sup>

Nta. Les nos d'ordre correspondent aux séries établies pour chaque étage dans la *Notice préliminaire*.

## DIVISION MOYENNE.



## DIVISION SUPÉRIEURE.

Lorsque nous nous sommes décidé, durant le mois de Juin dernier, à publier notre

## NOTICE PRÉLIMINAIRE SUR LE SYSTÈME SILURIEN ET LES TRILOBITES DE BOHÊME,

notre but était d'établir les divisions principales et les subdivisions ou étages que nous avons reconnus dans le terrain qui fait l'objet de nos études.

Après avoir exposé succintement les caractères géognostiques des sept étages que nous distinguons, nous avons indiqué d'une manière sommaire les familles prédominantes et les principaux genres de mollusques, qui caractérisent les cinq subdivisions fossilifères. Nous nous sommes attaché principalement à faire ressortir les différences entre les cinq faunes successives, par la distribution verticale des trilobites, parcequ'il semble que c'est un principe admis jusqu'à ce jour dans la science, que les fossiles de cette famille nous guident plus sûrement que tous les autres, dans les recherches relatives à l'âge des formations paléozoïques. Bien que nous ayons nommé dans ce but, une nombreuse série de trilobites, résultats de nos recherches, nous avons passé sous silence un certain nombre d'espèces nouvelles provenant aussi de nos fouilles. Nous ne connaissions alors ces formes spéciales que par des fragmens, et en nous abstenant de les décrire, nous espérions pouvoir les compléter par nos recherches durant le cours de cette année, afin de présenter des descriptions plus satisfaisantes.

Notre espoir ne s'est réalisé qu'en partie, et nous ne pouvons pas prévoir si nous devons avoir le bonheur de compléter un jour tous ces fragmens. Cependant diverses considérations nous décident en ce moment à publier la définition succinte des espèces dont nous n'avons pas encore annoncé la découverte. Quoique dans cette nouvelle série de trilobites nous n'en comptions que sept qui nous soient complétement connus, nous osons espérer que cette publication ne sera pas sans intérêt pour la paléontologie. Elle est destinée à constater un petit nombre de faits nouveaux qui doivent faire modifier la base sur laquelle plusieurs doctes paléontologues ont cherché récemment à établir la classification naturelle des trilobites, par genres et par familles. —

Nous suivrons pour nos descriptions l'ordre des étages et dans chacun d'eux les séries numériques établies dans notre *Notice préliminaire.*

---

## DIVISION MOYENNE.

---

### ÉTAGE C. SCHISTES FOSSILIFÈRES.

Nous n'avons aucune espèce nouvelle à décrire dans la faune de cet étage, mais nous saisirons cette occasion pour faire une rectification à notre premier travail.

Sous le nom d'*Ellipsocephalus nanus* nous avons décrit un très-petit trilobite sur le thorax duquel nous avions compté douze anneaux. Depuis cette époque nous avons découvert un exemplaire de la même espèce qui nous a permis de compter 14 segmens au thorax. Nous avions déjà indiqué sur la glabelle de ce trilobite trois rainures transversales que de nouveaux individus nous ont montrées plus distinctes, et traversées à angle droit par un sillon longitudinal suivant l'axe de la tête. Cette conformation caractérise justement le genre *Sao*, le seul sur lequel nous ayons pu l'observer jusqu'ici, à la surface du test. Il nous semble donc nécessaire de réunir à ce genre sous le nom de *Sao nana* le trilobite que nous avons d'abord nommé *Ellipsocephalus nanus*.

Cette espèce introduite dans le genre Sao, n'a il est vrai, que 14 anneaux au thorax, tandisque *Sao hirsuta* en a 16. Mais cette différence ne nous paraît pas d'une grande valeur, depuis qu'il est démontré qu'il en existe de semblables entre les espèces de divers genres bien caractérisés d'ailleurs, comme *Paradoxides*, *Proetus*, *Odontopleura*, *Cheirurus*.

## ETAGE D. QUARTZITES.

Cet étage est celui pour lequel nous avons le plus d'espèces nouvelles à signaler. Mais avant de les nommer, nous reprendrons la description d'une espèce déjà connue.

### 15. *Cheirurus claviger*. Beyr.

Depuis la publication de notre *Notice préliminaire*, nous avons découvert un individu de cette espèce d'après lequel nous pouvons compléter la description de la tête et du pygidium données par le d[r]. Beyrich *(üb. ein Böhm. tril. p. 13.)*

12 anneaux au thorax, tous si bien conservés, qu il est impossible de commettre une erreur en les comptant.

L'axe médiocrement bombé offre une rapide diminution de largeur. Dans le premier segment du thorax il égale presque en largeur le côté, tandisqu'au dernier anneau, son diamètre est à peine égal à la moitié de la longueur de la plèvre correspondante.

Les sillons dorsaux sont prononcés. Les plèvres légèrement arquées vers l'arrière, se terminent par une pointe obtuse un peu coudée. Le reste de leur surface est partagé en deux bandes parallèles par un sillon très-étroit, au fond duquel on remarque une suite de cavités semblables à des piqûres d'epingle.

Les deux bandes sont d'égale largeur dans toute leur étendue, le sillon formant un arc concentrique à celui de la plèvre. La surface des deux bandes est ornée de petits tubercules dont la position alterne avec celle des cavités du sillon.

Longueur totale de l'individu $0^{m},066$, largeur prise au milieu du corps $0^{m},045$.

Loc. environs de Beraun.

Nous renvoyons aux dernières pages de cet opuscule les observations aux quelles l'existence de ce trilobite doit donner lieu.

26. *Cheirurus Scuticauda.* Barr.

Forme générale du corps ovoïde, la longueur étant à la largeur dans le rapport de 2 : 1.

Le contour de la tète forme à peu près un demicercle ; le bord intérieur est un peu concave vers le thorax.

La glabelle s'évase légèrement à partir de l'anneau occipital jusqu'au milieu du lobe frontal où elle offre la plus grande largeur et le relief le plus élevé. Sillons dorsaux prononcés — trois sillons latéraux, obliques d'avant en arrière, laissant un tiers de la glabelle entre les extremités des couples — sillon occipital distinct, se prolongeant de chaque côté par le sillon postérieur des joues.

La suture faciale a un cours très peu étendu, comme dans la plupart des espèces du genre. Elle part du limbe antérieur au droit des sillons dorsaux, contourne l'oeil et se dirige obliquement vers le limbe latéral de la joue qu'elle atteint à peu près au droit du sillon postérieur de la glabelle. — L'oeil est situé au droit du sillon médian, à une très-petite distance du bord ; de sorte que la joue mobile est fort petite, et laisse à peine une échancrure visible au contour de la tête, lorsqu'elle est enlevée. La joue fixe, triangulaire, est couverte de petites cavités caractéristiques du genre, elle est bordée par un sillon creux assez large, concentrique au limbe extérieur. Celui-ci se termine à l'angle postérieur de la joue par une pointe peu prolongée.

11 anneaux au thorax. L'axe occupe environ le tiers de la largeur du corps, il est bombé et médiocrement saillant ; diminuant très-peu de largeur jusqu'au pygidium.

Les plèvres planes jusq'aux deux tiers de leur longueur, se coudent un peu vers la naissance de la pointe oblique qui les termine. Leur surface laisse apercevoir à peine une trace de sillon longitudinal. Les pointes terminales sont fortes et tendent à devenir parallèles à l'axe.

Le pygidium triangulaire rappèle par sa forme celle des *Trinuclei*, ou bien la partie inférieure d'un écusson armoirié. — L'axe a 4 anneaux distincts, et autant de côtes aboutissant au bord du triangle, qui forme un léger relief. De ce bord, vis-à-vis chaque côte, se détache une pointe large, et de plus en plus courte jusqu'à la dernière.

Nous n'avons pas de motifs pour admettre un anneau rudimentaire, sans plèvres, à l'extrêmité de l'axe, car nous n'en voyons pas la trace. Les 4 pointes existant de chaque côté du pygidium montrent que le dr. Beyrich avait admis avec raison ce segment rudimentaire dans d'autres espèces de Cheirurus qui n'ont que six pointes sur tout le contour, tandisque *Cheirurus Scuticauda* en a huit.

Le test ne s'est pas conservé.

*Dimensions.* Longueur mesurée depuis le front jusqu'au bout des pointes terminales : 0m,028. — Largeur, au milieu du corps, en y comprenant les pointes 0m 016.

Loc. environs de Béraun.

*Rapp. et différ.* La forme du pygidium donne à ce trilobite, un faux air de ressemblance avec un *Trinucleus*, dont-il se distingue par des caractères trop tranchés et trop nombreux pour qu'on puisse les confondre. Ce même pygidium le fait aussi reconnaître au milieu de toutes les espèces congénères des Cheirurus.

## 27. *Cheirurus globosus.* Barr.

Ce trilobite ne nous est connu jusqu'à ce jour que par des têtes qui semblent réunir les caractères les plus saillans des deux genres *Cheirurus* et *Sphaerexochus.*

La forme générale de ces têtes est celle d'un segment approchant d'un demicercle.

La glabelle est bombée comme celle de Sphaerexochus, c'est-à-dire, à peu près comme un hémisphèroide alongé d'avant en arrière. On distingue sur chaque côté deux petites entailles indiquant deux sillons latéraux que ne s'impriment que sur les bords.

Les sillons dorsaux, très-creux, se prolongent jusqu'au limbe antérieur.

La suture faciale coupe ce limbe presque au droit du sillon dorsal, contourne l'oeil, et se dirige ensuite un peu obliquement vers le bord latéral de la joue qu'elle atteint en avant de l'angle postérieur.

La joue mobile forme donc comme dans les Cheirurus un triangle, au sommet intérieur duquel l'oeil est situé. Cet oeil paraît avoir un petit volume, et n'est ordinairement pas conservé.

La surface de la joue mobile, et celle de la joue fixe sont scrobiculeuses comme dans toutes les espèces congénères.

Le limbe qui borde les joues est large et épais, il est accompagné d'un sillon intérieur très-prononcé. Une pointe très-forte et très-large formée par la réunion des limbes latéral et postérieur se prolonge obliquement au corps à une distance égale à la demi-largeur de la tête.

Le test ne s'est pas suffisamment conservé pour qu'on puisse le décrire.

Loc. environs de Béraun.

## 28. *Cheirurus radiatus.* Barr.

Un fragment du thorax montrant quatre segmens, et les pygidium de divers individus, sont les seules parties de ce trilobite que nous ayons découvertes jusqu'à ce jour.

L'axe du thorax est bombé; il occupe une largeur à peu près égale à chacun des côtés.

Les plèvres montrent un indice de sillon vers leur origine et se terminent par une pointe, aussi longue qu'elles, qui tend à devenir parallèle à l'axe.

Le pygidium dans son ensemble a une forme presque semi-circulaire. L'axe est divisé en quatre segmens, à chacun desquels correspondent autant de côtes peu saillantes sur les deux flancs. Chacune de ces côtes se prolonge au dehors par une pointe dont la longueur est un peu plus grande que la $^1/_2$ largeur du pygidium.

Ce pygidium portant quatre segmens complets comme celui de *Ch. Scuticanda* confirme parfaitement l'admission d'un anneau rudimentaire dans d'autres espèces du même genre, ainsi que l'a très-bien indiqué M. Beyrich fondateur de cette famille. Loc. environs de Béraun.

Ce pygidium se trouve dans les mêmes couches que les têtes nommées *Ch. globosus,* avec beaucoup d'autres débris de trilobites. Nous serions donc tentés de considérer ces fragmens comme appartenant à une même espèce, si nous n'étions retenu par la crainte de faire une réunion aussi hazardée que celle, qui d'après des apparences semblables, a produit les genres monstrueux *Otarion* et *Trochurus.*

## 29. *Phacops parabola.* Barr.

Nous ne connaissons que la tête de ce trilobite trop bien caractérisée pour pouvoir être classée dans l'une des nombreuses espèces de *Phacops* que nous a déjà fournies la Bohême.

Le contour général est une parabole fort alongée, dont les branches se prolongent encore par les pointes qui partent de l'angle postérieur des joues.

La glabelle se compose de deux parties distinctes. En avant, le lobe frontal formé par un losange dont la plus grande diagonale est dirigée suivant l'axe du corps; en arrière une sorte de pédicule étroit qui s'étend depuis la pointe postérieure du losange jusqu'au sillon occipital. Nous ne distinguons sur ce pédicule, que deux sillons transversaux indiqués.

Les sillons dorsaux distincts séparent les yeux de la glabelle. Ceux-ci sont placés au droit des deux sillons de la partie postérieure de la glabelle, et la trace qui reste après leur fracture leur fait supposer une assez grande dimension relative.

Cette petite tête n'a que $0^{m}$,004 de longueur, et ne permet de distinguer que les traits principaux que nous venons d'esquisser. Nous n'en possédons qu'un seul exemplaire.

Loc. environs de Beraun.

*Rapp. et différ. Phacops parabola* rappèle par ses formes *Griffitides longispinus.* (Portlock's report etc. p. 312 pl. XXIV. fig. 12.)

Nous aurions donc été tentés de classer dans le genre Griffitides, le trilobite ci dessus nommé. Cependant nous croyons remarquer, en voyant les trois espèces décrites par Portlock, qu'un caractère qui leur est commun, et qui doit être générique, c'est la saillie du lobe frontal au delà du limbe qui entoure les joues.

Dans *Phac. parabola* au contraire, le limbe contourne régulièrement le front, comme dans beaucoup d'autres espèces de ce genre. Ph. *Hausmanni* etc. etc.

Sans cette différence qui nous semble notable, nons aurions crû reconnaître un *Griffitides* à cause de la forme de la glabelle, et de celle des yeux qui sont fort analogues entre les espèces d'Irlande et la nôtre.

## 30. *Phacops Deshayesii.* Barr.

Cette espèce ne nous est connue que par quelques têtes de diverses dimensions, qui dans leur conformation générale et la grosseur des yeux rappèlent beaucoup celles auxquelles nous avons donné le nom de *Ph. Hawlei. (Not. prél. p. 25.)* Cependant nous les distinguons par un caractère facile à saisir en comparant les exemplaires. Dans *Ph. Hawlei* le lobe frontal de la glabelle est déprimé au dessous du niveau des autres lobes, et se termine en avant par une espèce de tranchant. Au contraire dans *Ph. Deshayesii* le lobe frontal est toujours fortement bombé et forme saillie au dessus des lobes postérieurs de la glabelle.

Loc. environs de Béraun.

## 31. *Phacops solitarius.* Barr.

Nous ne connaissons que la tête du trilobite auquel nous donnons ce nom spécifique.

La forme générale est un peu parabolique. Les sillons dorsaux qui dessinent la glabelle divergent très-peu depuis le sillon occipital jusqu'au limbe antérieur; la glabelle a donc à peu près la forme d'un quadrilatère alongé, dont le côté frontal est arrondi.

Trois paires de sillons latéraux sur la glabelle sont seulement indiqués par un trait. presque sans profondeur. La première paire se joint au milieu, en formant un angle dont le sommet tend vers l'arrière. — Le sillon postérieur est plus marqué, et le sillon occipital est bien creusé, convexe vers le front, s'unissant par ses extrémités aux sillons postérieurs des joues. La suture faciale contourne le front, sans franchir le limbe; passe ensuite autour des yeux et se dirige vers le bord latéral. Mais au lieu de l'atteindre dans sa direction oblique, elle se courbe vers l'axe et se prolonge ainsi sur le limbe lui même jusqu'à l'angle postérieur de la joue. Cet angle est arrondi.

Les bords latéraux et postérieurs des joues sont formés par un limbe épais, diminuant de largeur jusqu'au droit du lobe frontal où il disparaît complètement.

Les yeux sont assez volumineux, et correspondent à l'intervalle entre le 1$^{er}$ et le 3$^{ième}$ sillon latéral de la glabelle.

Le profil transversal de cette tête est très-fortement bombé, le plan des joues formant un angle d'environ 45$^{0}$ avec la surface supérieure de la glabelle.

Le test ne s'est pas conservé.

La longueur du front à l'occiput est de 0$^{m}$,018 — la largeur la plus grande, au droit des angles postérieurs est de 0$^{m}$,03.

Loc. environs de Béraun.

*Rapp. et différ.* La tête que nous venons de décrire ne pourrait être confondue au premier aspect qu'avec celle des *Ph. socialis*, et *Ph. proaevus*. Elle se distingue par la direction presque parallèle des côtés de la glabelle; les sillons latéraux à peine indiqués; son profil transversal très-bombé; les angles postérieurs des joues arrondis etc. etc.

Cette espèce est très-rare.

## 32. *Trilobites Musca.* Barr.

Nous décrirons sans indication de genre un pygidium presque microscopique, que nous ne pouvons rapporter à aucune des espèces déjà connues en Bohême.

Le contour de ce pygidium forme à peu près un demi-cercle; l'axe occupe un tiers de la largeur; et montre distinctement 4 anneaux, sans compter l'extrêmité. A chaque anneau correspond une côte sur les flancs, et chaque côte se termine par une pointe très-déliée, qui rappèle les pattes de mouche.

Les trois premières côtes sont sillonnées dans leur longueur, ce qui ferait penser, que ce fragment peut appartenir à un Cheirurus ou à quelque genre voisin.

Loc. environs de Béraun.

## 33. *Ampyx Portlockii.* Barr.

La forme générale du corps est un ovale peu alongé.

La tête dans son ensemble présente un triangle equilatéral. — La glabelle est un rhombe alongé dont la grande diagonale forme l'axe longitudinal. Elle se termine au front par une pointe droite à peu près aussi longue que la tête. La petite diagonale du rhombe marquant la plus grande largeur, correspond au point ou la glabelle se détache des joues pour former une saillie en avant. Vers la nuque, la pointe du rhombe est tronquée par le sillon occipital, en avant duquel on remarque un autre sillon parallèle et transverse. Le relief de la glabelle est peu élevé au dessus des joues; les sillons dorsaux quoique très-visibles, sont peu prononcés.

Les joues forment une surface triangulaire légèrement bombée dans tous les sens; elles sont bordées en arrière par un sillon peu profond et un limbe étroit qui les sépare du thorax, et se prolonge aux angles par une pointe courte et oblique.

Nous n'apercevons sur nos exemplaires aucune trace ni des yeux ni de la suture faciale.

5 anneaux au thorax. L'axe occupe le tiers de la largeur du corps, et conserve cette dimension jusqu'au bout. Il est

peu bombé; quoique les sillons dorsaux soient très-visibles sans être bien creux.

Les plèvres sont planes dans toute leur étendue, et creusées par un sillon étroit, légèrement oblique, séparant deux bandes, l'une en avant plus étroite, l'autre en arrière plus large. Le bout des plèvres est arrondi.

Le pygidium a une forme triangulaire, et il est entouré d'un rebord vertical coudé sous le contour. L'axe sans segmens visibles, se termine en pointe avant d'atteindre le rebord coudé; il a très-peu de saillie sur les flancs. Ceux-ci montrent de chaque côté, deux sillons, dont le premier semble détacher en avant une bande, de la même largeur qu'une plèvre du thorax, ce qui pourrait induire en erreur et faire compter 6 anneaux au lieu de 5. Mais ce sillon ne s'étend par sur l'axe du pygidium. Nous remarquons une semblable disposition dans *Ampyx Sarsii.* (Portlock's report. pl. 1 fig. 9. a.) — Le 2$^{me}$ sillon est plus oblique à l'axe, et moins marqué.

Un de nos exemplaire montre la surface de la tête couverte de petites cavités, qui s'étendent aussi bien sur la glabelle que sur les joues. Nous supposons que ce sont des impressions qui retracent celles qui se trouvaient sur la surface du test qui n'a pas été conservé. Le reste du corps paraît lisse.

*Dimensions.* Longueur, sans compter la pointe en avant du front 0$^{m}$,022 — Largeur 0$^{m}$,015.

Loc. environs de Béraun.

*Rapp. et différ. Ampyx Portlockii* a la glabelle beaucoup moins alongée qu'*Ampyx nasutus*, qui montre d'ailleurs les traces de deux paires de sillons latéraux manqnant complètement au trilobite Bohème. Nous passons sous silence d'autres différences qu'on aperçoit d'après les figures données par Dalman (Palaead. pl. V. fig. 3. a. b. c).

Les deux espèces décrites par Sars dans l'Isis ne nous sont connues que par le rapprochement qu'en fait Portlock avec les trois *Ampyx* Irlandais qu'il décrit. Or de ces trois espèces, l'une, *Ampyx Austinii (A. mammillatus?* Sars) a la glabelle lobée très-distinctement; l'autre, *A. Sarsii* (*A. rostratus?* Sars) a une carène saillante dans la longueur de la glabelle. Ces traits distinguent suffisamment les espèces d'Irlande de celle à qui nous avons donné le nom du savant paléontologue de Dublin. — *Ampyx? baccatus* du même auteur nous paraît une tête appartenant à un tout autre genre.

## 34. *Odontopleura Keyserlingii.* Barr.

La forme générale de ce trilobite est une ellipse dont les axes sont dans le rapport de 2 : 1. La tête est plus large que longue. La glabelle très-alongée, cylindrique, un peu évasée au front, est dessinée par les sillons dorsaux prononcés qui atteignent le limbe antérieur. Parallélement à la glabelle, de chaque côté, s'élèvent deux longues protubérancés séparées par un sillon longitudinal, un peu moins marqué que les sillons dorsaux. En avant, ces protubérances s'avancent moins que la glabelle, mais elles s'étendent un peu plus loin en arrière que celle-ci. L'oeil placé sur la protubérance extérieure, se trouve à peu près au droit du sillon occipital.

La suture faciale coupe le limbe antérieur au droit du bourrelet qui porte l'oeil, et suit une direction à peu près parallèle à l'axe de la tête. Après avoir contourné le lobe palpébral, elle s'écarte en dehors pour couper obliquement le limbe postérieur des joues, au droit de l'extrémité de la première plèvre. La joue mobile forme une surface au dessous du niveau de la glabelle et des quatre protubérances : elle se prolonge en une large pointe, inclinée à $45^0$ avec l'axe du corps, dont elle égale presque la longueur. Le contour extérieur de cette pointe est orné d'épines courtes, que nous avons observées jusqu'au droit du premier segment thoracique.

10 anneaux au thorax, reconnus sur divers individus.

L'axe très-saillant, occupe un tiers de la largeur du corps, et s'amincit graduellement vers l'arrière. Les plèvres sont planes jusqu'au point où elles se séparent pour se prolonger en une pointe oblique et mince qui forme un coude. La surface de chaque plèvre est ornée d'un bourrelet qui la parcourt obliquement d'avant en arrière, et se termine par une grosseur de laquelle se détache la pointe coudée.

Pygidium en forme de trapèze. — Deux anneaux à l'axe. le premier bien marqué, le second s'abaissant pour se fondre avec le limbe postérieur. Du 1er anneau part une côte qui se prolonge au dehors par une très-forte pointe, d'une longueur presque égale à celle du prolongement de la joue mobile. Cette pointe est formée par un corps rond portant des épines éparses sur sa surface. Dans le demi-contour du pygidium les pointes qui ornent le bord se succèdent dans l'ordre suivant, à partir du thorax : épines courtes et rondes, la longue pointe correspondant à la côte, 3 épines courtes: un vide au milieu, vis-à-vis de l'axe.

Le trilobite que nous venons de décrire n'a pas conservé de traces de son test.

La longueur du corps, non compris les épines, est de 0m.03; la largeur au milieu du thorax est de 0m.015.

Localité: environs de Béraun.

Lorsque Emmrich en 1839 créa le genre *Odontopleura* il indiqua 7—8? segmens au thorax *(de Tril. diss. p. 53)*. Burmeister en décrivant le même individu qui avait servi à fonder le genre, annonça 8 segmens au tronc, nombre qu'il retrouvait dans une autre espèce, *O. elliptica*. (Die Organ. d. Trilob. p. 71).

Plus tard Emmrich reconnut 9 articulations au thorax pour le genre *Odontopleura* et ce fait fut confirmé par Lovén dans la description de *Ceraurus crenatus* = *O. crenata* Emm. [1])

À cette époque nous avions déjà eu l'occasion d'observer le même fait sur plusieurs espèces dont notre collection renferme des individus complets. Nous avons décrit dans notre *Notice préliminaire* comme offrant 9 segmens au thorax: *O. primordialis*, *O. Prevosti*, *O. Dufrenoyi*, *O. mira*, *O. Leonhardi*, et nous avons indiqué pour chacune de ces espèces deux segmens à l'axe du pygidium; le dernier de ces segmens se présentant toujours à l'état rudimentaire.

Pour *O. Buchii* [2]), seulement, nous avons attribué 8 articulations au thorax et 3 au pygidium. Cette manière de compter tient d'abord à l'état de nos exemplaires dans lesquels on distingue difficilement la limite entre les deux parties du corps, et en second lieu à ce que le 9e segment du thorax

1) *Ofversigt. of kongl. Vetensk. Akad. Forhand.* Nos *3 et 4*—*1845*.

2) Des fragmens de *Odontopleura Buchii* ont été décrits récemment par le Dr. Beyrich, sous le nom de *O. inermis*. *(Unters. üb. Tril. 2tes St. 1846.)* Dans l'introduction de cette publication, l'auteur reconnaît que pendant notre séjour à Berlin au mois de Mai dernier, nous lui avons communiqué les noms de divers trilobites que nous avons découverts en Bohême. Cependant, il en a changé plusieurs, sans indiquer aucun motif de ce changement. Mais notre *Notice préliminaire*, où toutes ces espèces ont été nommées et décrites par nous, ayant paru avant le travail du Dr. Beyrich, nous maintenons avec un double droit les dénominations que nous avons données à nos fossiles. Ces noms datent du moment de nos découvertes, c. à d. pour la plupart, d'une époque à laquelle le Dr. Beyrich ne se doutait pas même de leur existence. Nous nous plaisons d'ailleurs à rendre justice au mérite des travaux du savant paléontologue de Berlin.

est presque de moitié plus court que le précédent. Mais de nouvelles observations sur d'autres individus nous ont convaincu que cette espèce, la plus grande et la plus belle du genre, présente comme celles que nous venons de citer: 9 segmens au thorax et 2 au pygidium.

Il y aurait donc une constance remarquable dans le nombre des élémens du tronc et du corps entier des *Odontopleura*, si *O. Keyserlingii* ne nous forçait à établir une exception, constatée par plusieurs exemplaires qui montrent 10 segmens au thorax et 2 au pygidium.

### 35. *Illaenus Wahlenbergii.* Barr.

La forme générale du corps est un ovale alongé.

La tête un peu parabolique, très-convexe, offre la trace des sillons dorsaux qui pénètrent jusques vers le tiers de la distance entre la nuque et le bord antérieur.

Les yeux petits, mais montrant distinctement des facettes, sont situés très près du bord latéral et du bord postérieur de la tête. La ligne faciale a un cours très limité; partant du bord postérieur, fort près de l'angle arrondi des joues, elle contourne l'oeil et elle redescend obliquement vers le bord latéral qu'elle atteint à peu de distance, de sorte que la joue mobile est très-petite.

8 anneaux au thorax, comptés sur plusieurs exemplaires.

L'axe un peu moins large que le côté, au premier segment, diminue rapidement de largeur et se réduit presque à moitié, au contact du pygidium. Les sillons dorsaux sont très-prononcés. Les plèvres forment un arc bombé dans leur longueur et se terminent par un bout arrondi. Leur surface ne laisse apercevoir sur le moule aucune trace de sillon longitudinal.

Le pygidium sub-triangulaire, porte en avant un léger rudiment indiquant l'axe, qui ne pénétre pas loin sur le reste de la surface. Celle-ci s'abaisse par une déclivité uniforme vers l'extérieur, dans tout le pourtour.

Le test dont nous trouvons la trace est couvert de très-petites cavités, serrées, sur le pygidium. Les exemplaires que nous décrivons ont une longueur de $0^m,02$ sur $0^m,015$ de largeur. Loc. environs de Béraun.

Quoique le genre Illaenus défini par Dalman se composât d'espèces ayant 9 et 10 segmens au corps, nous n'hésitons pas à y rapporter l'espèce que nous venons de nommer, parce qu'elle offre d'une manière frappante le *facies* et les principaux caractères des espèces d'Illaenus de Suède et d'Irlande.

36. *Illaenus Hisingeri.* **Barr.**

Cette espèce a beaucoup de rapports avec la précédente, et présente aussi comme elle 8 anneaux au thorax. Nous la distinguons par les deux caractères suivans:

1. L'axe conserve à peu près la même largeur entre la tête et le pygidium. au lieu de s'amincir rapidement comme dans *Ill. Wahlenbergi.*

2. La suture faciale à partir de l'oeil se dirige horizontalement le long de la tête au lieu de descendre obliquement vers le bord, comme dans l'espèce précédente. Elle offre donc un plus long cours.

Loc. environs de Béraun.

# DIVISION SUPÉRIEURE.

## ÉTAGE E. CALCAIRE INFÉRIEUR.

Cet étage si riche en trilobites, ne nous fournit que deux formes nouvelles.

41. *Arethusa nitida.* **Barr.**

Nous établissons cette espèce nouvelle pour des Pygidium dont la forme rappèle celle d'*Arethusa Koninckii*, mais qui en diffèrent sous deux rapports.

1. La longueur du pygidium est plus considérable et la largeur relativement moindre que dans *A. Koninckii.*

2. La surface du test montre une granulation fine qui manque à l'autre espèce.

L'axe est saillant, occupe environ un quart de la largeur totale, et porte 5 segmens distincts.

Chaque flanc montre quatre côtes qui sont visiblement sillonnées dans toute la longueur. Ces côtes disparaissent au contact d'un rebord plat et mince qui entoure le pygidium.

Les autres parties de ce trilobite nous sont inconnues. — Longueur 0m.003. Largeur 0m,006.

Loc. environs de Béraun.

**42.** ***Harpes crassifrons.*** **Barr.**

Les têtes auxquelles nous donnons cette dénomination spécifique ont en général la même conformation que celles de *Harpes ungula* et de *H. tenuipunctatus.* Mais elles se distinguent par l'épaississement et la saillie du front.

Cet épaississement forme comme un fort bandeau au devant de la tête, contourne le front et va se perdre de chaque côté, le long de la paroi verticale des joues. La surface en est couverte de petites cavités subrégulièrement disposées, comme celles du limbe.

En jugeant par les fragmens du bord que montrent nos exemplaires, il offre une surface un peu inclinée en dehors, sur laquelle les cavités du test sont rangées en séries rayonnantes. Loc. environs de Béraun.

## ETAGE F. CALCAIRE MOYEN.

Cet étage riche en fragmens de trilobites, offre très-rarement des exemplaires complets.

**28.** ***Proetus unguloides.*** **Barr.**

La tête de cette espèce de Proetus est remarquable par la grande extension du limbe antérieur au front, qui pourrait être comparé au limbe d'un Harpes. La surface de ce large rebord est légèrement concave et lisse, son contour est parabolique alongé.

La glabelle peu proéminente a la forme d'un ovoide tronqué par le sillon occipital, et concentrique au contour du limbe extérieur.

Les yeux placés un peu en arrière du milieu de la glabelle atteignent son niveau.

L'anneau occipital est assez large, et fortement bombé dans le sens transversal à la tête. Longueur $0^m,008$. Largeur $0^m,007$.

Loc. Mnienian et Konieprus.

La tête que nous venons de décrire se trouve avec celles de *Pr. tuberculatus*, et *Pr. Myops* dans des bancs calcaires où sont également renfermés un assez grand nombre de pygidium que nous croyons, d'après leur *facies* pouvoir rapporter au genre *Proetus.* Mais nous n'avons pas pu découvrir encore quels sont ceux de ces fragmens qui appartiennent à une même espèce. Nous avons déjà décrit dans notre *notice prélim.* un pygidium provenant de ces localités:

*Pr. inaequicostatus*, et nous allons en définir trois autres également bien caractérisés par leurs formes. Ainsi en tout trois têtes, et quatre pygidium, que nous devons considérer comme représentant au moins quatre espèces distinctes. Nous négligeons d'autres fragmens moins caractéristiques fournis par les mêmes calcaires.

29. ***Proetus complanatus.*** **Barr.**

Le contour représente à peu près un demi-cercle, dont la la surface est plane, entourée d'un bourrelet large et peu saillant. — L'axe occupe en avant un peu moins du tiers de la largeur, et il est extrêmement bombé; on y compte cinq segmens qui diminuent rapidement de hauteur et de largeur. Le dernier est rudimentaire, et n'atteint pas le bord. On distingue sur chaque flanc immédiatement après le rebord antérieur, une côte large, sillonnée dans sa longueur, et les traces d'une seconde peu marquée.

Le plus grand exemplaire a $0^m$,008 de longueur sur $0^m$,016 de largeur. Loc. Mnienian.

30. ***Proetus fallax.*** **Barr.**

La forme générale est presque semi-circulaire, fortement bombée dans tous les sens comme un quart de sphère, terminée à l'extérieur par un limbe plat et horizontal. L'axe occupe moins du tiers de la largeur, et porte 5 segmens, non compris le joint d'articulation avec le thorax; il est bombé, et diminue de hauteur et de largeur vers le limbe postérieur qu'il n'atteint pas. On distingue sur chaque flanc trois côtes larges, sillonnées et s'effaçant avant de parvenir jusqu'au bord plat.

Le plus grand exemplaire a $0^m$,008 de longueur et $0^m$,016 de largeur. Le test paraît complétement lisse.

Loc. Mnienian.

31. ***Proetus discretus.*** **Barr.**

Dans des dimensions très-petites ce pygidium montre des traits prononcés qui le distinguent de tous les autres. La forme générale est bombée dans les deux sens, le contour légèrement infléchi, mais sans rebord. L'axe fait une forte saillie, et occupe le tiers de la largeur. On y compte 8 segmens bien prononcés, non compris le joint antérieur; le dernier segment laisse encore un intervalle jusqu'au bord terminal. Les flancs présentent chacun 6 côtes plates, distinctes, atteignant presque le bord, et sillonnées dans leur longueur.

Le plus grand exemplaire a $0^{m}{\cdot}005$ de longueur sur $0^{m}{\cdot}006$ de largeur. Le test paraît lisse.

Loc. Mnienian.

## 32. *Phaeton? planicauda.* Barr.

Cette espèce nouvelle ne nous est connue que par un pygidium, que nous rapprochons du genre Phaeton, à cause de sa conformation analogue à celle des autres espèces que nous avons décrites dans notre notice préliminaire.

La forme du pygidium est celle d'un segment de cercle. L'axe très-saillant, occupe un peu moins du tiers de la largeur totale; il diminue rapidement de dimension, et se termine en pointe émoussée avant d'atteindre le bord postérieur. On distingue quatre segmens dans sa longueur. La surface des deux flancs et celle du limbe postérieur qui les unit, est complètement plane. On y voit seulement de chaque côté trois filets minces, en relief, partant des sillons qui séparent les anneaux de l'axe, et se dirigeant vers le bord suivant une courbe qui tend à devenir parallèle au corps. Chacun de ces filets se prolonge en arête saillante sur trois larges pointes correspondantes, qui se détachent du bord. Les deux pointes intérieures laissent entr'elles un plus large espace, occupé par un limbe plat rectiligne.

Le pygidium bien caractérisé que nous venons de décrire n'offre en tout que 4 segmens, y compris la pointe de l'axe, tandisque les autres espèces que nous avons déjà nommées, en ont de 7 à 9. Mais cette différence ne nous paraît pas très-grave, puisque nous en remarquons de bien plus considérables et de même nature, entre les diverses espèces de Phacops, reconnues cependant comme appartenant à un seul et même genre.

*Dimensions.* Longueur du pygidium $0^{m}{\cdot}005$. Largeur $0^{m}{\cdot}01$.

Loc. Mnienian.

## 33. *Phaeton? latens.* Barr.

D'après un pygidium dont la forme ne peut être classée parmi celles que nous avons déjà nommées. Le contour présente un peu plus qu'un demi-cercle. L'axe saillant, conique, n'atteint pas au delà de la demi-longueur du pygidium et montre confusément 5 à 6 segmens; sa largeur au bord antérieur est moindre que le tiers de la largeur totale. Les flancs forment une surface sensiblement plane, sans rebord, ni pointes. Sur chacun d'eux on aperçoit la trace de 5 côtes peu marquées. Longueur $0^{m,}006$. Largeur $0^{m,}009$.

Loc. Mnienian.

34 ***Bronteus elongatus.*** **Barr.**

Nous possédons quelques exemplaires du pygidium auquel nous donnons ce nom, afin de pouvoir le faire connaître. Nous sommes disposé à croire qu'il peut appartenir à *Bronteus angusticeps*, mais comme nous n'avons aucune preuve de ce fait, nous voulons éviter de rapprocher des élémens qui peuvent avoir appartenu à des espèces différentes.

Ce pygidium se distingue de tous ceux qui proviennent des mêmes calcaires :

1. par une forme plus alongée, car il a les mêmes dimensions en longueur et en largeur, tandisque dans *Br. palifer* la longueur est toujours moindre que la largeur de plus d'un sixième.

2. Les sillons sont plus prononcés, et ils ont à peu près la même largeur que les côtes qui sont très-bombées. Le fond du sillon au lieu d'être uni, offre un bombement en travers, qui s'étend dans toute la longueur.

Dimensions du plus grand exemplaire : longueur $0^{m},02$, largeur $0^{m},02$.

Ce fossile est très-rare en comparaison de *Br. palifer* il est aussi beaucoup plus rare que les têtes de *Br. angusticeps* qui se trouvent dans les mêmes calcaires.

Loc. Konieprus, Mnienian.

35. ***Bronteus Brongnarti.*** **Barr.**

Cette espèce décrite dans notre notice préliminaire sous le N°. 6. Étage calcaire supérieur **G**; se trouve aussi dans l'étage calcaire moyen **F**, où nous avons recueilli divers exemplaires de la tête et du pygidium.

Loc. Mnienian.

Il y a donc en tout 5 espèces communes aux deux étages calcaires **F** et **G**.

36. ***Odontopleura subterarmata.*** **Barr.**

Nous désignons par cette dénomination un pygidium qui offre une disposition toute particulière.

La forme générale est un triangle un peu arrondi à l'angle postérieur. L'axe bombé occupe un peu moins du tiers de la largeur, et montre deux segments distincts, sans compter le joint d'articulation. Du premier anneau se détache une côte en relief, qui au delà du bord se prolonge par une longue pointe. Sur la tranche du bord lui même on ne trouve la trace d'aucune autre pointe, mais on aperçoit une série d'épines d'environ 2 millimètres de longueur, placées verticalement un peu en dedans sous ce bord, et qu'une fracture heureuse de la roche peut seule faire découvrir.

Nous comptons 14 à 15 de ces épines dans le demi contour du pygidium, dont les dimensions sont de $0^{m},016$ de largeur sur $0^{m},006$ de longueur.

La disposition de ces épines sous le bord rappèle de semblables ornemens placés sous les contours des joues de *Calym. pulchra*. Barr. figurée par le D[r]. Beyrich, (*Unters. üb. tril. pl. II. fig. 6.*)

Loc. Mnienian.

Nous avons déjà nommé dans notre *notice préliminaire* deux têtes isolées sous les noms de *O. Hörnesii* et *O. lacerata*. Ces têtes ont été trouvées dans les mêmes régions que le pygidium que nous venons de décrire sous un nom spécial. Il est donc fort possible que deux de ces trois fragmens appartiennent à une même espèce. Mais nous ne saurions l'affirmer, ni faire un choix entre les deux têtes pour en associer une avec le pygidium. La crainte d'un rapprochement erroné nous oblige donc à distinguer par un nom particulier chacun de ces trois fragmens.

## ÉTAGE G. CALCAIRE SUPÉRIEUR.

### 17. *Harpes d'Orbignyanus*. Barr.

La conformation générale de la tête de ce trilobite ressemble à celle des espèces congénères.

Elle se distingue par un limbe plus large et incliné environ à 45°, formant comme un toît tout autour de la glabelle. Les deux branches de ce bord qui se prolongent en arrière des joues, se rapprochent sensiblement, de manière à donner à l'ensemble de la tête l'aspect d'un ovale presque fermé. Un filet mince, relevé, termine le contour extérieur.

Le test du bord parfaitement conservé dans l'exemplaire que nous décrivons, est couvert de cavités si petites qu'elles ne sont visibles qu'à la loupe. Elles sont disposées sans ordre apparent. Ces impressions d'une nature toute superficielle ne permettent pas d'admettre pour cette espèce l'existence de perforations à travers le limbe que le Dr. Beyrich a indiquées récemment comme un des caractères du genre *Harpes*, et comparées à celles des *Trinucleus*.

Loc. environs de Prague.

Les deux nouvelles espèces de Harpes que nous venons de décrire ne nous sont connues que par la tête. Mais il se trouve dans notre collection un exemplaire de *H. tenuipunctatus*. Barr. qui permet de compter 23 segmens au thorax et 4 au pygidium. Ce nombre de 27 segmens se rapproche beaucoup des 28 indiqués par le Dr. Goldfuss dans le corps entier de *H. macrocephalus*. L'arrière partie du corps de notre exemplaire étant un peu endommagée, il est fort possible qu'un segment échappe à notre observation.

### 18. *Cheirurus minutus*. Barr.

Un seul pygidium de cette espèce nous est connu jusqu'à ce jour, mais il a des formes si caractérisées, que nous n'hésitons pas à lui donner un nom spécifique.

Ce pygidium est alongé; la largeur n'étant qu'environ $^2/_3$ de la longueur.

On distingue 4 anneaux à l'axe, qui est saillant, et occupe un tiers de la largeur. De chaque anneau de l'axe se détache une côte, qui se prolonge en pointe au dehors, comme dans les autres espèces de Cheirurus. On distingue un sillon sur la partie chacune de ces côtes, avoisinant l'axe.

Dimensions: Longueur $0^m,006$, largeur $0^m,004$.

Loc. Hostin.

Les divers étages de notre terrain Silurien ont contribué d'une manière fort inégale à la nouvelle suite de Trilobites que nous venons de nommer. Ainsi les rapports que nous avons indiqués dans notre premier travail, entre les nombres de ces crustacés qui caractérisent nos subdivisions se trouvent altérés. Cependant les résultats généraux relatifs à la richesse des 5 faunes que nous avons distinguées, restent les mêmes, comme on peut s'en convaincre en jetant les yeux sur le tableau qui suit.

Nombre des formes distinctes des trilobites découverts dans les cinq étages, à partir du plus bas:

| | | | |
|---|---|---|---|
| Etage | **C.** | Schistes fossilifères . . . . . . . . . | 27 |
| „ | **D.** | Quartzites . . . . . . . . . . . . . | 36 |
| „ | **E.** | Calcaire inférieur . . . . . . . . . . | 42 |
| „ | **F.** | Calcaire moyen. . . . . . . . . . . . | 36 |
| „ | **G.** | Calcaire supérieur . . . . . . . . . . | 18 |
| | | Total . . | 159 |

Nous avons à retrancher de ce nombre les espèces communes à divers étages savoir : entre **E** — **F** . . . ci . . 2 } à déduire 7
entre **F** — **G** . . . . . . . 5 }

reste . 152.

Nous ne prétendons pas cependant que ces 152 formes différentes représentent autant d'espèces, parceque l'impossibilité de trouver des fossiles complets, ou de reconnaître les fragmens qui appartiennent à une même espèce, nous ont obligé à donner un nom spécial à certaines têtes, et à certains pygidium qui devraient peu têtre se trouver réunis sous une seule dénomination. Nous avons indiqué dans cette notice quelques cas de ce genre qui ne se sont pas présentés dans notre notice préliminaire, à cause du choix que nous avions fait pour les trilobites dont elle renferme la description. Nous pensons que la méthode que nous avons suivie est sujette à de moindres inconvéniens que celle qui réunirait dans une espèce des fragmens hétérogènes associés par hazard dans les mêmes couches. Dans tous les cas, les réductions à faire dans les chiffres ci dessus exposés, seraient fort peu considérables et ne sauraient altérer en rien les observations auxquelles l'ensemble des faits donne lieu :

1. Il n'existe aucune espèce commune entre les étages **C** et **D**, ni entre l'ensemble de ces deux subdivisions, et l'ensemble des trois autres **E, F, G,** formant la masse calcaire.

Le premier groupe **C** et **D** correspond au système Silurien inférieur : le second groupe **E, F, G,** correspond au système Silurien supérieur. Ces deux divisions principales de nos formations paléozoïques, n'ont donc en Bohème, jusqu'à ce jour, aucun lien qui rattache entre elles les faunes dont ils ont conservé les débris fossiles. Nous savons qu'en Angleterre on a annoncé la découverte de quelques fossiles communs aux deux divisions supérieure et inférieure du système Silurien, tels que *Calym. Blumenbachii.* Mais nous avons vainement cherché à découvrir dans notre terrain de semblables relations entre les faunes des deux groupes principaux. Cependant le passage d'une division à l'autre se fait d'une manière presque insensible, par les schistes à graptolites, dans lesquels disparaît toute trace de la faune des quartzites, pour faire place à une nouvelle création qui se montre d'abord dans les sphéroïdes de calcaire isolés dans cette formation.

L'opposition tranchée que nous constatons de nouveau pour les trilobites, s'étend également à toutes les autres familles de fossiles quelconques.

2. En considérant le chiffre des trilobites appartenant spécialement à chaque étage, ou en d'autres termes, le petit nombre d'espèces communes à deux de ces subdivisions, nous nous croyons fondé à établir cinq étages fossilifères distincts, en Bohème, savoir: 2 dans le système Silurien inférieur, et 3 dans le système Silurien supérieur. Ce résultat concorde avec celui que nous offre l'observation des familles diverses des mollusques.

3. Les nombres indiqués ci-dessus montrent que la famille des trilobites a eu son plus grand développement pendant le dépôt des couches qui forment la base du système silurien supérieur en Bohème, c. à. d. dans les temps qui correspondent à l'étage calcaire inférieur **E.** — À partir de ce centre de leur existence, on voit que le nombre des espèces diminue, soit dans les étages inférieurs, soit dans les formations supérieures.

Nous ne considérons pas les chiffres résultant de nos recherches comme représentant les rapports absolus entre les divers étages, sous le point de vue de leur richesse en trilobites, car la marche successive de nos découvertes nous a montré une variation fréquente dans ces rapports. Cependant depuis quelques années cette variation n'est pas de nature à altérer l'exactitude de l'époque que nous assignons au plus grand développement de cette famille, et qui coincide d'ailleurs avec celle qu'on observe en Angleterre.

La décroissance rapide du nombre d'espèces aux temps où se déposaient les dernières formations Siluriennes en Bohème, est aussi un fait qui ne nous semble pas douteux, quoique les trilobites aient cependant résisté plus que les autres familles aux causes d'appauvrissement de la faune de cette époque, ainsi que nous l'avons déjà remarqué.

Bien que les observations qui précèdent soient contenues en substance dans notre *notice préliminaire*, nous avons cru devoir les reproduire ici, pour mieux constater les convictions que nous avons acquises par de longues années d'études, sur les divisions naturelles qu'offre la série verticale des formations paléozoïques de Bohême. Nous ne reprendrons pas en ce moment la question des rapports et différences entre ces divisions et celles qui ont été établies par d'habiles observateurs, dans diverses régions d'Europe et d'Amérique. Nous n'avons jusqu'à ce jour aucun motif de modifier les conclusions auxquelles nous nous sommes arrêté dans notre première publication. Nous nous réservons de traiter cette question plus au long dans notre ouvrage principal, et nous espérons qu'après avoir éveillé l'attention des hommes de science, sur un bassin paléozoïque si régulier dans son ensemble, si riche et si varié dans les faunes dont il contient les traces, il jaillira du dehors quelque utile lumière qui fécondera les résultats de nos efforts isolés.

Aujourd'hui nous nous bornons à citer deux faits nouveaux, qui s'ajoutent à ceux que nous avons énumérés ailleurs, pour démontrer la connexion entre les faunes de Bohême, et celles des autres régions paléozoïques.

1. Dans notre *notice préliminaire* nous avons annoncé (page 39) que les *Tentaculites* considérés comme caractéris-

tiques, et en général si uniformément répandus dans les formations Siluriennes, manquaient complétement en Bohême. Nous sommes heureux de constater que nous sommes enfin parvenu pendant le cours de l'été dernier, à découvrir des fossiles de ce genre, qui avaient échappé durant tant d'années à nos recherches les plus actives. Les parties supérieures de notre calcaire nous ont offert, en deux localités différentes, au milieu des schistes qu'elles renferment, deux espèces distinctes de celles qu'on a décrites ailleurs, et que nous nommons: *Tentaculites elegans* et *T. clavulus*. Ces espèces paraissent avoir eu dans les mers Siluriennes de Bohême une période d'existence bien courte en comparaison avec tant d'autres genres, du moins si l'on en juge par la seule couche très-mince, qui jusqu'à ce jour nous montre leur trace.

2. En indiquant précédemment les rapports peu nombreux que nous avons reconnus entre les Brachiopodes de notre terrain silurien et ceux des autres pays, nous avons oublié de signaler l'existence en Bohême d'une térébratule *à test réticulé*. Par cette dénomination employée dans le bel ouvrage sur la Géologie de la Russie et de l'Oural, nous entendons aussi un réseau de mailles différent de certains dessins treillisés produits par le croisement de stries longitudinales et des stries d'accroissement, qu'on observe sur diverses coquilles. La planche II de l'ouvrage cité, montre la disposition et la forme subhexagonale des mailles de *Spirifer Tcheffkini*, et *Sp. reticulatus* et l'on voit figuré dans la Pl. XV le réseau des mailles quadrangulaires de *Lept. ornata*.

La térebratule que nous avons découverte et nommée *T. hamifera* est ornée de mailles formant un rectangle plus ou moins alongé, compris entre quatre parois verticales, et elle reproduit complétement la disposition signalée dans les Brachiopodes analogues de Russie.

Une orthis que nous trouvons avec *T. hamifera*, *O.*

*pleudo-loricata*, nous montre une tendance à la même ornementation de la surface.

Suivant les observations consignées dans l'ouvrage cité, les Brachiopodes réticulés de la Russie proviennent des calcaires siluriens inférieurs de ce pays. Les deux spirifers appartiennent au groupe des *équirostres* exclusivement propres à la division inférieure du système silurien, disparaissent dans les dépôts siluriens supérieurs de l'île de Gothland, et se montrent de nouveau dans les couches beaucoup plus anciennes du golfe de Christiania. Mais ils n'ont encore été decouverts ni en Angleterre ni en Amérique. À l'occasion de *Leptaena* ornata le seul qui ait la surface des valves réticulée, nous lisons (p. 220) ce judicieux rapprochement: „Cette répétition des caractères superficiels dans des coquilles différentes mais ayant le même gisement, rappèle ce qui se passe dans la formation crétacée, à l'égard des *ammonites* et des *turrilites* qui affectent des ornemens analogues suivant les étages oú ils se rencontrent."

Or *T. hamifera* qui reproduit les caractères des brachiopodes réticulés du nord de l'Europe, se trouve dans la partie supérieure de notre étage des quartzites. étage que nous avons considéré pour divers motifs exposés ailleurs, comme l'équivalent des *Caradoc-Sandstones*. Ce fait confirme donc les conclusions auxquelles nous nous sommes précédement arrêté sur ce point.

Il nous reste à exposer quelques observations sur une question relative à l'organisation des trilobites.

## QUELQUES OBSERVATIONS SUR LE NOMBRE DES SEGMENS QUI COMPOSENT LE CORPS DES TRILOBITES.

Les premiers paléontologues qui ont décrit des Trilobites ont à peine remarqué le nombre de segmens que présente le corps de ces crustacés. Wahlenberg l'a indiqué comme fixe pour certaines espèces de Suède, et l'a passé sous silence pour la plupart des autres. *(Nov. act. R. Soc. sci. Ups. v. VIII. 1821.)*

Le célèbre Al. Brongniart à qui la science doit la première classification de cette famille fossile si intéressante, n'ayant à sa disposition que des matériaux fort incomplets, ne put fixer que d'une manière approchée le nombre des articulations du thorax dans les genres qu'il fonda. Mais il annonça ce chiffre comme fixe dans Ogygia 8, dans Paradoxides 21, et comme variable dans Calymene de 12 à 14, dans Asaphus de 8 à 12, montrant ainsi qu'il sentait l'importance de cet élément dans l'organisation des trilobites.

Depuis 1822, époque où parut l'ouvrage d'Al. Brongniart, la science s'est enrichie de beaucoup de nouveaux faits, mais la question du nombre des segmens souvent agitée, est cependant restée sans solution satisfaisante.

Dans le traité sur les *Palaeades* publié en 1826 par Dalman, nous croyons remarquer que ce docte naturaliste Suédois n'attachait pas une grande importance au nombre des anneaux. Loin d'y chercher des caractères génériques, et de restreindre les chiffres indiqués pour chaque genre, il étendit encore les limites posées par Brongniart et les porta de 10 à 23 pour *Calymene*, de 6 à 10 pour *Asaphus* et de *15 à 21* pour *Olenus = Paradoxides*.

Le prof. Quenstedt fut le premier qui considéra le nombre des segmens comme un caractère fondamental pour la classification des trilobites. *(Wiegm. Arch. III. 337. 1837).* Il posa en principe que ce nombre est invariable pour chaque espèce, et à ce principe il ajouta l'observation du chiffre constant de onze anneaux dans tous les trilobites à gros yeux composés, qu'Emmerich a réunis plus tard, dans le genre Phacops.

Le principe et l'observation de Quenstedt parurent devoir être si féconds en résultats, que Mr. Léop. de Buch n'hésita pas à les considérer comme plus importans que toutes les nouvelles classifications tentées sur les trilobites. *(Beitr. z. Geb. Form. in Russland p. 41.)*

En effet l'observation sur les Phacops généralisée conduisait à admettre la constance du nombre des segmens dans le thorax, pour chaque genre. Quenstedt essaya lui même de classer d'après ce nouveau principe tous les trilobites alors connus, mais quoique le nombre en fut bien moindre qu'aujourd'hui, il rencontra de sérieuses difficultés, qui conduisaient dès-lors à des exceptions.

En 1839 le D^r^. Emmrich énonça un nouveau principe, savoir: *que plus il y a de segmens au thorax, moins il en reste au pygidium. (De Trilob. diss. 10.)* Admettant d'ailleurs un nombre fixe pour tous les segmens du corps entier de tous les genres, il essaya de démontrer que les trilobites doivent avoir 20 anneaux complets, comme *Paradoxides Tessini.*

Mais l'auteur de cette thèse avouait cependant que plusieurs genres échappaient à cette régle.

Dans un Mémoire du même savant publié en 1845 *(Leonhards Jahrb.)* nous voyons qu'il conservait encore la même opinion, et qu'il considérait *P. Tessini* comme indiquant le nombre normal des segmens munis de plèvres dans tous les trilobites. Mais il n'admettait ni dans sa dissertation, ni dans le mémoire dont nous parlons, la constance du nombre des anneaux dans le thorax pour un même genre.

Au commencement de la même année 1845 le prof. Burmeister publia son excellent traité sur l'organisation des Trilobites, et adopta comme une des bases principales de la classification par genres, le principe de Quenstedt relatif au nombre invariable de segmens dans le thorax. Ce docte professeur admit cependant une exception pour les *Paradoxides*. Il ne chercha pas d'ailleurs à résoudre la question du nombre normal d'articulations dans le corps entier.

Le remarquable traité de Burmeister avait à peine paru, lorsque Lovén publia en Suède un mémoire où il énonça l'opinion que le nombre des anneaux n'était constant que dans l'ensemble du corps et non dans le thorax, pour chaque genre. (*Ofvers. of k. Vet. ak. Forh. april 1845.*)

Vers la fin de la même année le D[r]. Ernest Beyrich dans un mémoire sur quelques uns des trilobites de Bohème publié à Berlin, (*Üb. ein Böhm. Tril.*) s'associa au paléontologue Suédois pour soutenir ce nouveau principe, en opposition contre celui que Quenstedt et surtout Burmeister avaient déjà appliqué à la classification de toutes les espèces alors connues.

En résumé, 4 lois différentes ont été énoncées par divers auteurs; savoir:

1. Constance du nombre des segmens dans l'espèce.
   Par Quenstedt.
2. Constance du nombre normal de 20 anneaux munis de plèvres dans le corps entier de tous les trilobites.
   Par Emmrich.
3. Constance du nombre des segmens dans le thorax pour un même genre. Par Quenstedt, Burmeister.
4. Constance du nombre des segmens dans le corps entier des trilobites d'un même genre. par Loven.

Cette dernière loi a été étendue par Beyrich à toute une famille comprenant plusieurs genres.

Examinons brièvement comment les faits acquis à la science s'accordent avec ces quatre lois.

I. Constance du nombre des segmens dans l'espèce,

Nous ne connaissons aucun fait qui contredise ce principe, implicitement reconnu par tous ceux qui ont décrit des trilobites, et qui se vérifie également bien, soit qu'on l'applique seulement au thorax, soit qu'on l'étende au corps entier. En effet, les différences qu'on observe dans le nombre des segmens distincts, au pygidium de diverses espèces, s'explique assez clairement par les progrès du développement suivant l'âge.

Cette première loi formulée par le docte prof. Quenstedt est donc bien fondée sur tous les faits observés.

II. Constance du nombre normal de 20 segmens complets dans le corps entier de tous les trilobites.

Ce principe énoncé avec quelque hésitation à différentes reprises, par le savant prof. Emmrich, repose nécessairement sur cette hypothèse: qu'un nombre indéfini d'anneaux peut être soudé ensemble dans le pygidium, et devenir insaisissable à l'observation. Une semblable supposition sans limites, tendrait à confondre toutes les formes les plus éloignées dans la classe des crustacés. Nous ne pensons pas qu'on puisse l'accepter sans s'exposer au grave inconvénient d'introduire dans la science l'admission d'élémens imaginaires qui devraient avoir la même valeur que les élémens tombant sous nos sens, pour la détermination du genre et de l'espèce.

Sans doute des segmens nouveaux se développent avec l'âge, et indiquent une certaine possibilité d'admettre des élémens latens, mais le fait même de leur apparition nous semble indispensable pour démontrer leur préexistence en germe. Nous admettons également que dans la tête des crustacés on peut reconnaître un certain nombre de segmens plus ou moins soudés ensemble, et plus ou moins modifiés pour former les organes buccaux.

Dans certains trilobites, nous concevons aussi un segment rudimentaire à l'extrémité de l'axe, et nous trouvons dans d'autres espèces congénères, par exemple dans le genre *Cheirurus* le même segment bien développé; ce qui justifie la supposition. Mais nous ne connaissons aucun cas où on puisse trouver l'indication plausible de l'existence d'un nombre indéfini de segmens fondus en un seul.

Lorsque le prof. Emmrich adopta le chiffre 20 comme le nombre normal des segmens munis de plèvres dans tous les trilobites, il prit pour type *Paradoxides Tessini* qui offre en effet ces 20 segmens complets, suivis d'un pygidium qui n'a que des segmens à l'axe, sans appendices latéraux. Mais déjà lors de la publication du mémoire cité, en 1845, le prof. Goldfuss avait annoncé l'existence de 28 segmens dans *Harpes macrocephalus.* Nous avons aussi indiqué ci-dessus (page 20) l'existence dans notre collection d'un exemplaire de *H. tenuipunctatus* qui nous permet de compter 27 segmens. Or sur ce nombre il n'y a que le segment rudimentaire qui termine l'axe du pygidium, qui soit privé de plèvres. Si donc on pouvait adopter un chiffre absolu, comme représentant le nombre normal des anneaux complets dans tous les trilobites, il faudrait le fixer de manière à comprendre aussi les 26 ou 27 segmens complets des *Harpes.*

La difficulté que nous avons signalée ci-dessus s'accroîtrait donc encore, puisqu'il faudrait ouvrir un champ plus vaste à l'hypothèse sur laquelle se fonde la loi d'un nombre constant d'anneaux dans toute la famille trilobitique.

Cette loi pourra cependant toujours trouver des défenseurs, en admettant l'existence des élémens invisibles dans l'organisation des crustacés fossiles. Mais elle ne saurait être soutenue si on veut la soumettre à l'épreuve des faits qui tombent sous nos sens, et qui nous semblent devoir être la base principale de nos convictions; en histoire naturelle, s'entend.

III. Constance du nombre des anneaux dans le thorax de tous les trilobites d'un même genre.

L'origine de cette loi date de l'observation de Quenstedt sur la constance de 11 segmens au thorax des Phacops, et par une singulière circonstance aucune exception n'a été annoncée pour ce genre si riche en espèces.

Voici maintenant une esquisse des faits qui nous semblent s'opposer à l'admission de ce principe.

1. En adoptant le nombre fixe des anneaux du thorax comme une des bases principales de l'établissement des genres, le célèbre auteur de *l'organisation des trilobites* laissait déjà subsister une exception constatée par lui même dans le genre *Paradoxides* d'ailleurs si bien défini.
2. Peu de temps après la publication de l'ouvrage que

nous venons de citer, M. Lovén constata une anomalie semblable pour le genre Proetus = *Aeonia.* Burm. dans lequel il classa *Pr. elegantulus* avec 12 segmens au tronc, au lieu de 10, nombre jusqu'alors considéré comme normal, dans les espèces congénères.

Nous avons constaté pour le même genre une autre irrégularité dans *Pr. sculptus*, qui ne nous a montré jusqu' ici que 9 anneaux au thorax. *Pr. lepidus* que nous avons aussi décrit, ne nous présente que ce même nombre, et confirme l'exception.

3. Le genre *Cyphaspis* Burm. nous a fourni en Bohême diverses espèces. L'une *Cyph. clavifrons* offre bien le nombre normal de 11 anneaux reconnu par l'auteur du genre, mais une autre que nous avons nommée *C. Burmeisteri* a 12 segmens au thorax.
4. En commençant la présente notice nous avons fait connaître les motifs qui nous portent à réunir dans le genre *Sao* deux espèces, l'une qui a 14 et l'autre 16 anneaux au thorax.
5. Le genre *Odontopleura* vient aussi de nous fournir l'espèce ci-dessus décrite sous le nom de *O. Keyserlingii*, qui a 10 segmens au tronc, tandisque toutes ses congénères n'en ont que 9. ou 8?
6. *Cheirurus claviger* dont nous avons récemment découvert le corps entier, a 12 anneaux au thorax, tandisque le type du genre, *Ch. insignis* n'en a que 11.
7. Dans le cours de cette notice nous avons décrit sous les noms d'*Illaenus Wahlenbergii*, et de *Ill. Hisingeri* deux espèces nouvelles dont les formes concordent si bien avec celles *d'Ill. crassicauda.* Wahl. qu'il nous semblerait impossible de les rapprocher d'un aure genre. Or le trilobite Suédois a 10 segmens au thorax, tandisque ses deux congénères Bohêmes n'en ont que 8.

Voilà donc à notre connaissance, et nous dirons aussi entre nos mains, des représentans de sept genres rebelles à la loi qui établit la constance du nombre des segmens dans le thorax des trilobites. On pensera probablement comme nous, qu'une régle qui a déjà subi tant d'exceptions, constatées dans un si court espace de temps, et presque toutes dans une partie bien peu étendue des régions paléozoïques connues, ne peut plus être considérée comme une loi générale, et absolue.

Ainsi tout en reconnaissant une importance notable au nombre des segmens du tronc, nous sommes forcés d'abandonner le principe de sa constance dans un même genre.

IV. Constance du nombre des segmens dans le corps entier des trilobites d'un même genre.

En décrivant *Proctus elegantulus (Ofversigt of kongl. Vetensk. Ak. For. 1845.)* M. Loven pénétré des mêmes convictions que nous venons d'exprimer, indiqua d'une manière implicite cependant, cette dernière loi dont nous trouvons le germe primitif dans la dissertation du prof. Emmrich. Suivant le Paléontologue Suédois la variation du nombre des anneaux dans le thorax correspond à une variation en sens inverse dans le pygidium, le dernier perdant autant de segmens que le premier en gagne et reciproquement. C'est ce qu'indiquent fort bien les termes de la thèse du Dr. Emmrich p. 10. *Lex valet haec ut quo major thoracis, eo minor abdominis articulorum numerus sit.*

Le Dr. Beyrich admettant le nouveau principe, l'étendit à la famille entière des *Cheirurus*, qu'il cherchait à fonder en même temps que ce genre, dont il n'avait cependant pu observer qu'un seul individu complet. Mais justement frappé de la simplicité du pygidium dans *Ch. insignis* et dans *Ch. claviger*, il crut avoir trouvé des données suffisantes pour constater le nombre total des segmens qui constituent le corps de tous les trilobites d'un même genre. Il se hâta de poser en principe que le corps entier des *Cheirurus* offre 20 articulations, dont 5 soudées ensemble à la tête, 11 au tronc, et 4 au pygidium. La conviction du savant paléontologue, quoique fondée sur un petit nombre de faits était si profonde, qu'il établit ce chiffre 20, comme normal pour une famille nombreuse qu'il cherchait à grouper autour de son nouveau type [1]).

Constatons maintenant si les faits connus sont en harmonie avec les conceptions des deux Paléontologues que nous venons de citer.

1. En écrivant le passage que nous reproduisons textuellement en note, le Dr. Beyrich aurait pu remarquer que le genre Phacops qui montre une régularité parfaite dans le nombre des articulations du thorax, offre en même-temps une extrême variation dans le nombre des segmens que les diverses espèces présentent au pygidium. Si nous observons cette partie du corps dans *Ph. Hausmanni*, un exemplaire que nous possédons nous montre 22 segmens distincts à l'axe, tandisque nous ne pouvons en reconnaître, ou en supposer que 8 à 10 dans des exemplaires adultes et parfaitement conservés de *Ph. Bronnii* et de *Ph. breviceps.*

Quelque droit qu'on puisse avoir de supposer des segmens fondus ensemble, cette méthode toujours un peu hazardée de faire concorder les faits, doit cependant avoir une limite, et nous ne pensons pas qu'on puisse l'étendre jusqu'à considérer 10 et 22 segmens réels, comme représentant un même nombre d'articulations théoriquement préconçu pour un genre.

Il nous semble donc qu'à l'époque où le Dr. Beyrich admettait et étendait la loi implicitement reconnue par Lovén, le genre *Phacops* tel qu'il est défini et limité jusqu'à

1) Die Zahl Zwanzig, als Gesammtzahl der Glieder des Körpers, wird sich gewiss auch bei allen Trilobiten nachweisen lassen, welche wegen des analogen Baues ihrer einzelnen Theile mit Cheirurus in dieselbe Trilobiten-Familie zu setzen sind, und es wird dabei gleichgültig sein, ob der Rumpf eilf oder eine andere Zahl von Ringen hat, sobald sich darthun lässt, dass diese veränderte Zahl der Rumpfringe gleichlaufend mit einer Ab- oder Zunahme der Glieder des Schwanzes eintritt. *(Üb. ein böhm. Trilob. p. 10.)*

ce jour, constituait déjà une grave exception à la constance du nombre des segmens dans le corps entier, pour un même genre.

Pourrait-on tourner cette difficulté en faisant les coupes indiquées par Burmeister dans les Phacops ? Nous ne le pensons pas, car les nouveaux genres provenant de cette division seraient liés entr'eux par des rapports si multiples et si intimes, qu'il serait impossible de ne pas les admettre tous dans les rangs d'une même famille.

Or c'est pour une famille entière et non pour chaque genre isolé que le Dr. Beyrich a conçu la loi dont nous nous occupons. La difficulté subsisterait donc toujours, et les Phacops divisés ne formeraient pas moins une exception.

2. Le genre *Paradoxides* offre un exemple de même nature. Nous avons confirmé dans notre première publication, les différences déjà plus ou moins constatées dans le nombre des anneaux que les diverses espèces présentent au thorax. Par une singularité remarquable, *P. Tessini* qui a le nombre le plus élevé de segmens au tronc, est aussi celui qui dans l'âge adulte en montre le plus au pygidium. Ce fait est en opposition complète contre la loi en question, et a sans doute échappé à l'observation du Dr. Beyrich.

3. Le genre *Odontopleura* a une conformation si simple qu'il ne peut donner lieu à aucune interprétation douteuse sur le nombre de ses articulations: 9 au thorax, 2 au pygidium. Or nous avons annoncé dans le cours de cette notice que *O. Keyserlingii* a réellement 12 segmens dans le corps entier, au lieu de 11 que montrent toutes les espèces congénères. *O. elliptica* Burm. a été indiquée comme n'ayant que 8 segmens au thorax, mais la figure montre 3 segmens au pygidium; et peutêtre l'état de l'exemplaire observé n'a pas permis, comme *O. ovata* de reconnaître tous les élémens du corps.

Dans tous les cas, *O. Keyserlingii* forme à nos yeux

une anomalie inconciliable avec la constance annoncée par Lovén et Beyrich.

4. Nous avons déjà constaté au sujet de la loi précédemment discutée, que dans le genre *Cyphaspis* nous possédons une espèce avec 11, et une autre avec 12 segmens au thorax. En observant soigneusement les deux exemplaires qui montrent cette différence au tronc, nous distinguons également dans chacun d'eux cinq articulations à l'axe du pygidium. Le genre Cyphaspis échappe donc aussi au principe nouvellement proposé.

5. Enfin la description que nous avons donnée ci-dessus du corps de *Cheirurus claviger* établit un fait qui attaque la loi du Dr. Beyrich jusque dans son origine.

*Ch. claviger* est une des espèces qui ont servi de type au fondateur du genre qui en a très-bien décrit le pygidium avec 4 segmens. Malheureusement pour la loi des familles, le corps de la même espèce est composé de 12 anneaux au lieu de 11 nombre normal, établi d'après *Ch. insignis.*

On pourrait peutêtre remettre en question le droit de considérer le rudiment terminal de l'axe comme l'équivalent d'un segment dans *Ch. claviger.* En supprimant la valeur de ce rudiment, l'espèce rentrerait en harmonie avec ses congénères. Mais ce moyen n'est pas praticable, et nous ne pouvons que rendre justice à la sagacité du prof. Beyrich, qui a reconnu un véritable anneau dans cet insignifiant appendice. Voici un fait qui confirme la justesse de son interprétation:

*Ch. scuticauda* nommé et décrit dans cet opuscule, montre 11 anneaux au thorax, et 4 au pygidium, ces derniers clairement indiqués par 4 prolongemens en saillie de chaque côté du contour. Or ces quatre saillies correspondent évidemment à 4 anneaux sur l'axe, et le dernier de ceux-ci est précisément réduit au même état rudimentaire que celui de *Ch. claviger.* On est donc bien fondé à admettre dans cette dernière espèce 4 segmens au pygidium.

Ces quatre segmens joints aux 12 du thorax constituent réellement une anomalie, qui eût été sans doute appréciée par le Dr. Beyrich comme par nous, s'il en eût eu connaissance au moment où il fondait le genre si remarquable des *Cheirurus*, et la famille qu'il rattachait à ce type.

Mais si les faits que nous exposons détruisent un des liens principaux qui unissaient les branches plus ou moins divergentes de cette famille aux 20 segmens, nous sommes loin d'en proposer la complète dissolution. Nous nous réservons même d'exposer ailleurs d'autres faits tendant à démontrer l'affinité de quelques uns des genres rapprochés par le Dr. Beyrich aux efforts duquel nous ne saurions qu'applaudir. Aujourd'hui nous nous bornerons à énoncer la conclusion de ce qui précede. Puisque le genre type, *Cheirurus* échappe lui-même à la loi de constance discutée, il est désormais inutile de vouloir si rigoureusement retrouver les 20 segmens dans les genres entre lesquels on cherche à reconnaître des liens de famille. Ces genres ont aussi entr'eux d'autres rapports, qui bien développés suffiront peutêtre pour permettre de les réunir en un groupe naturel. Ainsi la forme de la partie postérieure des *Sphaeroxochus* et aussi d'autres analogies à découvrir dans leur corps, indiqueront suffisamment leurs relations de parenté avec les *Cheirurus*, sans qu'il soit indispensable de trouver quatre segmens dans leur pygidium où la nature n'en a réellement dessiné que trois. De même si jamais les *Bronteus* doivent venir se ranger près des deux genres que nous venons de nommer, il faudra découvrir entr'eux des affinités qui ne nous semblent pas encore très-évidentes. Lorsque nous avons lu l'exposé des combinaisons variées pour retrouver constamment 4 segmens dans les divers pygidium des Bronteus, qui offrent à l'oeil tantôt 6 tantôt 7, et tantôt 8 élémens de même forme, nous avons admiré la fécondité des ressources que l'auteur puise dans son esprit, mais nous n'avons pas reconnu dans ces transformations compliquées la noble simplicité des lois ordinaires de la nature. (Üb. ein böhm. Tril. p. 34.)

En résumé, les cinq genres que nous venons de passer en revue constituent un nombre d'exceptions trop graves pour que nous puissions admettre la loi de la constance des segmens dans le corps entier de tous les trilobites d'un même genre et d'une même famille.

Voilà donc la question qui nous occupe ramenée à peu près au même point où elle se trouvait lorsque Al. Brongniart établit les premières coupes dans la famille des Trilobites. Nous avons déjà fait observer qu'à cette époque les faits connus étaient trop peu nombreux pour fournir les élémens des lois générales sur l'organisation de ces crustacés. Nous sommes tenté de dire que malgré toutes les découvertes récentes, nos connaissances toujours bornées aux formes extérieures des trilobites, sont encore insuffisantes pour servir de base à l'établissement des principes d'une bonne classification naturelle de cette tribu.

Sans doute les formes extérieures traduisent plus ou moins les organes invisibles, et le savant Burmeister a montré dans son ouvrage, le meilleur sans contredit que nous possédions sur cette matière, tout le parti qu'on peut tirer des élémens connus, pour décrire l'organisation des trilobites et les classer parmi les autres tribus des crustacés. Mais malgré les mérites incontestables de son traité, nous ne pouvons nous dissimuler que la classification naturelle par genres et par familles laisse beaucoup à désirer.

Le succès de ce travail est sans doute réservé à une haute intelligence comme la sienne, embrassant à la fois le vaste horizon des sciences naturelles. Nous nous estimerons heureux d'avoir enrichi de quelques faits éprouvés, le cadre où on dispose en attendant les matériaux destinés à cette oeuvre difficile.

Constater des faits, et les coordonner par leurs rapports immédiats, telle est, ce nous semble, la tâche de ceux qui comme nous cultivent la science aussi souvent sur le terrain que dans le cabinet. Nous laissons aux savans qui se trouvent au centre de toutes les découvertes, le soin d'en faire ressortir les résultats les plus généraux. Les essais infructeux que nous venons de passer en revue sur une seule question, nous ont trop appris à nous défier de nos forces et des aperçus en apparence lumineux qui se présentent à un observateur, lorsque frappé de la concordance de quelques faits isolés, il croit s'être initié aux lois de la nature. Il est déjà si difficile de bien voir les objets matériels que l'on tient entre ses mains. Trois savans paléontologues ont successivement constaté sur un même exemplaire du cabinet de Berlin *(Odontopleura ovata)*, sept, huit et neuf segmens au thorax. Lors même qu'on voit bien, il est encore plus difficile de bien interpréter ce qu'on a sous les yeux. Le docte Emmrich voyant les plèvres de ce même fossile, terminées par deux pointes, les considérait comme doubles, et parceque le hazard avait soumis à ses premières observations une espèce probablement unique, qui offre cette particularité, il retrouvait dans le genre *Odontopleura* les 20 segmens complets de *Paradoxides Tessini.* Ainsi naissent souvent des lois éphémères. Ces faits sont notre histoire à tous, et nous pourrions citer ici beaucoup d'erreurs semblables soit d'autrui soit de nous; erreurs dues en partie à l'insuffisance des faits observés, et peutêtre encore plus au désir impatient de communiquer au public une observation ou une découverte qui nous paraît intéressante.

Tout en indiquant ces travers, si nous y tombons nous-même par la publication de travaux incomplets, nous devons avouer que nous cédons à une pression morale du dehors. Nous sommes forcé de publier les résultats partiels d'études inachevées, sous peine de nous voir peu à peu dépouillé du faible mérite qui s'attache à nos recherches en Bohême. Tel est l'effet du droit rigoureux et exclusif qu'on semble reconnaître à la priorité des publications, sans accorder aucune place au droit des découvertes. Ne serait-il pas juste cependant, de considérer que le premier coûte ordinairement bien moins de peine à acquérir que le second! Et refuserait-on quelques égards, ou au moins un peu de patience, à celui qui pour enrichir la science de nouveaux faits, a parcouru si loin la voie des sacrifices!

Nous adressons avec confiance ces questions à la loyauté germanique.

## RECTIFICATION IMPORTANTE, AU SUJET DES TRINUCLEI.

Dans notre *notice préliminaire* (p. 30 et 31) nous avons nommé *Trinucleus ornatus* Sternb. l'espèce qu'on trouve principalement à Wesela dans les quartzites, et nous avons donné le nom de *Trinucleus Goldfussii* à une autre espèce qui se distingue par une tête plus large dans le sens transversal, et dont le bord moins convexe en avant, forme une saillie sur les côtés. Le Dr. Beyrich dans sa publication récente (Unters. üb. Tril. 2tes St. 1846) a aussi appliqué comme nous le nom de *T. ornatus* à l'espèce de Wesela.

Mais en considérant attentivement la figure donnée par le Cte. Sternberg (*Verhandl. d. väterl. Mus. fig. 2 1833*). Nous avons acquis la conviction que le *Trinucleus* qu'il a décrit p. 53 sous le nom de *Trilobites ornatus* est bien réellement celui à qui nous avons donné le nom du Dr. Goldfuss.

Nous croyons donc nécessaire de rectifier notre erreur en restituant le nom de *T. ornatus* à l'espèce qui avait reçu d'abord cette dénomination, et nous reportons le nom de *T. Goldfussii* à l'espèce que nous avions d'abord appelée *T. ornatus*. C'est donc un échange réciproque de noms entre les deux espèces de *Trinucleus* décrites sous les nos 16 et 17, (pag. 30 et 31) de notre *Notice préliminaire*.

# ADDITION.

## ETAGE G.

## 19. *Phacops Hoeninghausii.* Barr.

Nous nous décidons à donner ce nom spécifique à un *Phacops* qui par son *facies* ressemble beaucoup à *Ph. Bronnii*, quoique sa taille soit généralement moindre.

Ses yeux comparativement plus petits que dans toutes les autres espèces que nous avons décrites, avaient depuis longtemps attiré notre attention, mais l'état de nos exemplaires ne nous permettait pas de les observer assez exactement. Etant parvenu à les dégager, nous avons reconnu que la surface de chaque oeil n'offre que de 20 à 25 facettes, tandisque *Ph. Bronnii* en présente au moins 130, et *Ph. breviceps* au moins 110.

Cette différence constante dans divers échantillons nous paraît trop notable pour pouvoir être admise dans les limites d'une même espèce.

11 anneaux au thorax.

L'ensemble du corps diffère légèrement de *Ph. Bronnii*, lorsqu'on considère chaque élément avec attention.

Le pygidium est facilement reconnaissable parceque la trace des côtes est presque insensible sur ses flancs, tandisqu'on en distingue plusieurs sur *Ph. Bronnii.*

Par suite de cette addition, le nombre des formes diverses de Trilobites que la Bohême nous a présentées jusqu'à ce jour, s'élève à 153.

BIBLIOTHÈQUE ROYALE
I

Pour paraître prochainement :

# SYSTÊME SILURIE

DU

# CENTRE DE LA BOHÊME.

Ière. PARTIE : RECHERCHES PALÉONTOLOGIQUES.

IIme. PARTIE : RECHERCHES GÉOLOGIQUES.

PAR

**Joachim Barrande.**

---

La Notice préliminaire sur le Système Silurien et les Trilo
Bohême a paru chez Hirschfeld à Leipsig 1846.

www.ingramcontent.com/pod-product-compliance
Ingram Content Group UK Ltd.
Pitfield, Milton Keynes, MK11 3LW, UK
UKHW021952260726
13994UKWH00004B/1687

9 782329 37815